Nueve meses Plus One Day

Por Robert W. Vincent

Proyecto de manuscrito escrito originalmente en 1967:
Primera impresión 2004....First traducción español febrero de 2010

Este material con derechos de autor puede ser citado y/o reimpreso hasta fines no comerciales y inclusivas de no más de dos páginas sin la autorización expresa y por escrito del autor y o editor, siempre que aparece la siguiente línea de crédito con cualquier material citado:
Tomado de libros por Robert William Vincent y estado el libro y capítulo más específicas.
Autor expresamente adopta y posee todos los derechos de autor a sus materiales en cada forma, la manera y forma y Estados: cualquier infracción deberá ser legal toman a curso para COPYRIGHT infracciones.
Copia escribe en noviembre de 2004: Vincent estándar de Sr. de licencia de copyright puede ser contactado en:
408 Este 5ta Avenida, Arkansas City, Kansas 67005
OR EMAIL AT pabear48@yahoo.com
También puede visitar su WEB: http:\\home.mchsi.com\~pabear48 AT....

Dedicado a mi hija Shirley y Baby de Nick

Un bebé que fue porque Dios creó un milagro para que sea.
Para mi hija sufría de un niño con espondilolistesis espina bífida y la degeneración de decadencia de disco a lo largo de su columna vertebral todo. Y bien, tuvo dos cirugías de cáncer para el cáncer en su vientre y se le dijo que no podía tener hijos. Alabar a Dios para un milagro ocurrió justo después de que ella tenía un ATV Desplácese por accidente y repentinamente cuando se examina descubrieron que estaba embarazada: con un niño que llegará y se llega por la voluntad de Dios alrededor de abril de 2005. Alabar al Señor Jesucristo de Nazaret.

MI HISTORIA DE LA CONCEPCIÓN AL NACIMIENTO

Mi historia comienza en algún momento en el año de 1947.

Era nada más en este momento mis otros internos a la espera de ser liberados. I había ido a lo largo de la pubertad en plena edad adulta. Oh! Hubo muchas veces cuando sentí que yo nunca podría hacerlo; pero con de Dios ayuda: hice.

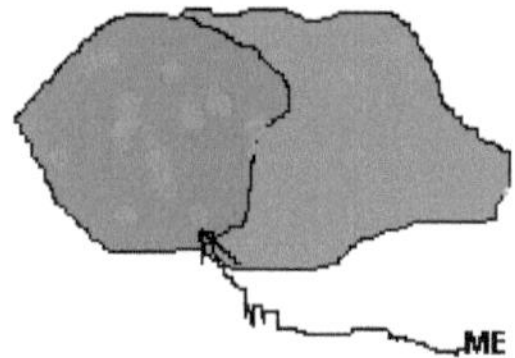

por RWV

Para que se vea! Soy uno de los milagros de Dios. Yo soy la vida dando el esperma del hombre.

En una noche cálida en 1947 mi padre que y mi madre que llegaron junto con el amor y el deseo de tener otro fuera de primavera en el mundo.

Mi verdadera lucha por la supervivencia comenzó esta noche. Muchas personas dan por hecho el funcionamiento misterioso de el Señor. Para que vea: Dios creó al hombre con un sistema intrincado para reproducir la descendencia de la imagen del hombre y mezclado con la mujer.
En este momento me sentí mi tipo a mi alrededor y habían literalmente miles y miles cada lucha, muriendo y carreras para satisfacer y unirse a huevo del nuestra madre.
Las personas no se dan cuenta de que tenemos que luchar por innumerables millas, en comparación con nuestro tamaño para alcanzar el objetivo.

Tuve suerte: fui uno de los espermatozoides de plomo en el pack y estaba muy fuerte. Vi como otros antes que yo consiguió enganchado en paredes, rincones, grietas a las afueras de las trompas de Falopio donde está esperando el huevo de mi madre. Pero utilizando cada onza de mi fuerza que podría reunir pude alimentar por y pasar por mis hermanos perdidos que fueron todos retrasados.

Todavía iba fuerte cuando me di cuenta de que huevo mi madre estaba justo por delante de mí, y de alguna manera sintió que el problema estaba cerca: pausar vi que otro de los espermatozoides de mi padre estaba empezando a círculo óvulos de mi madre.

¿Saber ahora que tuve pero pocos segundos a vivir o a morir acelerada hasta natación completa power speed y chocó con mi hermano compañero en su lado: es gracioso cómo todo luchará por mantener vivo?

Vi ahora la forma era clara para mí como I se acercó y encontró una pequeña abertura en la célula huevo y me fusionado en la pared y ahora estaba dentro. Eso fue todo! En un momento de una fracción de segundo se fusionó con células de mi madre y nos convertimos en uno.

por RWV

por RWV

Juntos nos hicieron el viaje a vientre mi madre donde Dios dispuestos a nosotros mismos nos sería incrustar para la protección y el resto. Como hemos determinado nuestro yo para descansar: no pude evitar pero grito un poco para todos mis hermanos que murió mientras cuidado sobre el trabajo de Dios. Miles y miles crecí con y jugó con mientras espera nuestra vocación. Todavía! Todos ellos habían muerto y estaba vivo. ¿Por qué Dios? ¿Por qué debe tantos mueren por lo que uno puede vivir? ¿Es por qué también ONLY ONE debe voluntariamente morir para que miles de millones pueden tener vida contigo?

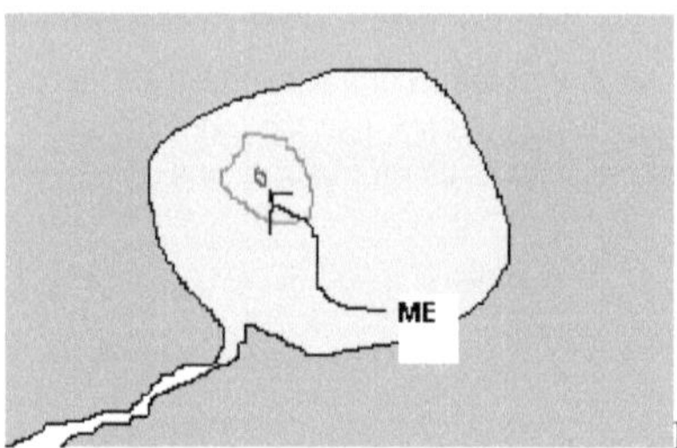

Por RWV

Estoy en reposo y por lo tanto muy cansado después de mi lucha por la vida.

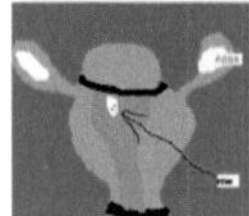
Por RWV

Esto es lo que parece que realmente.

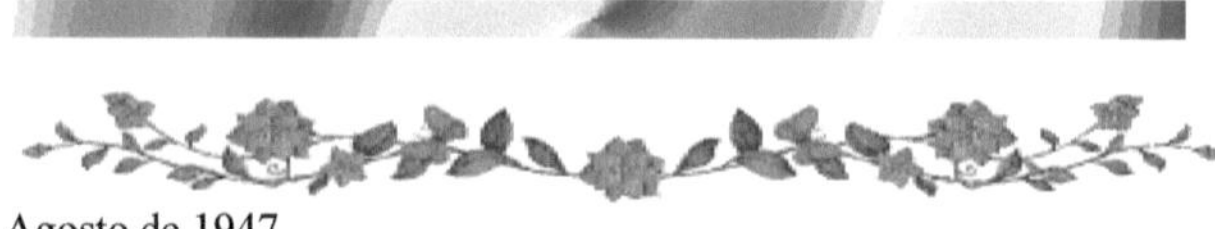

Agosto de 1947

"Primera semana": he venido de mi sueño latente porque mi resto inicial se terminó. Mi madre del huevo y había convertido en una celda unida. Todavía! Me di cuenta de inmediato que iba a ser "jefe" de este trabajo, y por lo tanto, decidí, a continuación, y ahí que iba a estar Señor y maestro sobre mi nuevo dominio.

He disfrutado de estiramiento mis músculos microscópicos incluso como mis células comenzaron el trabajo milagroso de división y duplicación de sí mismos a un enorme velocidad.

Creo que incluso entonces pude sentir el calor del útero de la madre, mi: pero, aseguró que yo en este momento que mi madre no había tenido ninguna idea que yo incluso existía dentro de ella, y estaba en ninguna posición en este momento para que la dejara a saber sobre mí aún. Por lo tanto, I se asentaron volver y relajado dejar naturaleza y Dios Will tomar su curso por el momento.
Nutrido mi minuto microscópico cuerpo con los alimentos naturales que Dios habían suministrado dentro de huevo de mi madre, que era su descendencia para reproducir la descendencia de la imagen del hombre entremezclado con la mujer.

"LA SEGUNDA SEMANA"

Por la segunda semana: It vino a mí que mi víveres estaban empezando a escasear y no sería mucho antes de que moriría de hambre como mis células se multiplican ahora a velocidades fantásticas. De algún modo, desde el interior y quizás un primer regalo de Dios fue mi sentido de que el paso lógico sería ir a robar comida de mi madre.
La mayoría de las personas cree ahora que en el tiempo el embrión que sólo está formado. Le digo que, en mi opinión esto no es cierto. Puedo dar fe de que lo que ocurre. Porque tengo tan hambriento que comencé a tan mucha hambre que me vi obligado a tomar medidas drásticas para asegurar mi supervivencia. Y que incluso los médicos no saben nada de por qué dio el paso para guardar a mí mismo: pero, sabían que Dios!
Por qué lo hice parece ahora tan simple como recuerdo vuelta: tuve que comer un agujero en el lado del huevo que había unido para lo era para mí ahora una carcasa vacía inútil. Como un caníbal me rompe a través de la capa exterior y últimamente en piel de la madre de bits y lo tiró dentro de la concha que estaba dentro. Fue a través de este archivo adjunto de piel que empezó a mí mismo ayuda así me Dios que es cómo sucedió.
Ahora que había saltó sobre mi primer obstáculo de subsistencia: Me relaja sabiendo que yo mismo era más seguro, cómodo y alimentados.
Desconocido para mí en el momento fue al bit y ha tirado este skin de comer que ahora enviaría una señal por primera vez a cuerpo del mi madre no para enviar más de sus huevos de su planta de almacenamiento de información de huevo por un tiempo. Pero, si había conocido que entonces: lo admito, que todavía no han que iría de esa piel para nada. ¡Después de todo!
Para como ya he dicho antes. No se mueren de hambre, aunque dijo que yo estaba oculta su cuerpo aún aquí abajo.

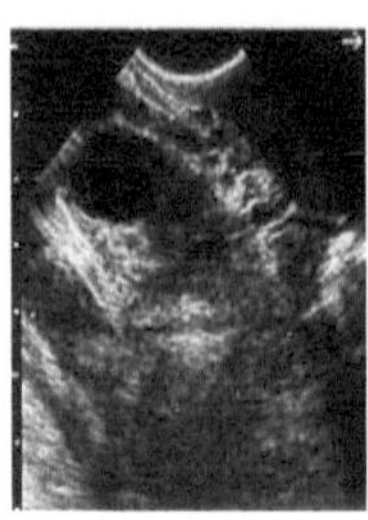 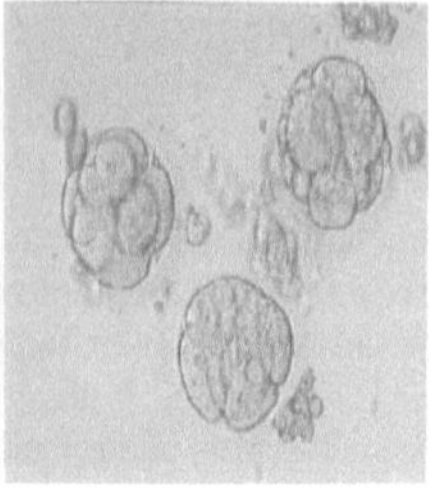 (Internet gratuita de cualquier fuente de uso)
Eso me!

"TERCERA SEMANA"

Por la tercera semana empezó a ganar fuerza y estaba comiendo casi constantemente.

Ahora la mayoría de las personas cree que las madres obtengan matutinas por una serie de razones; generalmente les dice ha cambiado su cuerpo y están embarazadas. Pero, lo que realmente ocurre es que necesitaba determinadas sustancias químicas para producir más células como I fue continuamente alimentación y dibujar estos productos químicos de sistema la madre en mi más rápido de lo que ella podría reemplazarlos normalmente. Ahora que he escuchado que algunos mujer nunca obtener matutinas. Que sólo va a demostrar a esa mujer debe tomar muchas vitaminas.

Por ahora me di cuenta de que me vi está obligado de la pared del útero de la madre en mi un poco. Así que inmediatamente comenzó a trabajar y sellado por la pieza de piel que había de bits para que había sellado estrecha para que nunca podría caen como yo estaba siendo empujado de la pared de la matriz.

Esto me di cuenta muchos años después que se convirtió en lo que se conoce como el cable que conecta me con mi madre. Es a través de este cordón que podía respirar como sangre nueva trajo oxígeno y suministros.

Fui capaz de respirar; tomar en los alimentos, construir un espacio de almacenamiento químico y descubrí que me estaba volviendo más grande todo el tiempo a pesar de que en este momento estaba todavía sobre el tamaño de un guisante. Así que decidí volver resolver una vez más: sin embargo, me sentí una oscuridad y algo solo y sentí la calidez y la protección de útero del mi madre y la calidez de su cuerpo, y descansó.

"SEMANA DE FORTH"

MUY bien no recuerdo mi cuarta semana.
Pero sé que recuerdo audiencia que este ritmo derrotó a ritmo que nunca había oído antes.
WOW! Era mi propio corazón y pude sentir mis brazos formando y tuve un hígado es decir.

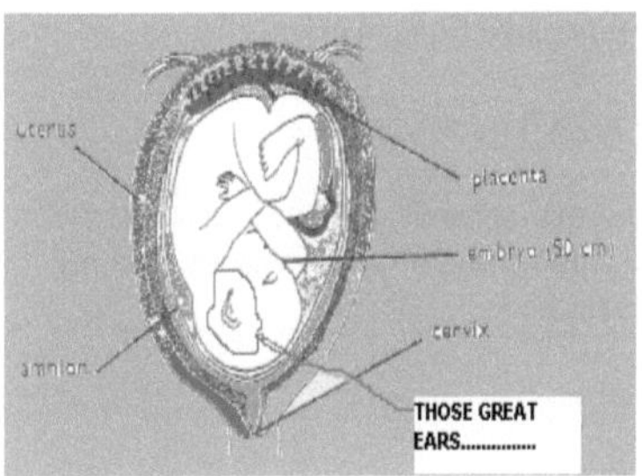

(Fuente de uso gratuito de Internet)

WOW! Más de lo que recuerdo, pero entonces yo soy un pequeño bebé aún.

"QUINTA SEMANA"

Yo tengo que han sido tan muy cansado y desgastada fuera: porque despertó como aprendí mucho más tarde en la quinta semana de mi vida.

Las primeras cuatro semanas había pasado tan rápido que apenas comprendí que yo estaba entrando ahora en mi quinta semana de madurez. Decidí que lo mejor era comer y dormir en la mayor parte del tiempo. Para descubrí estaba cansado todo el tiempo. Tan cansado que no he entendido que ciertos cambios se producían en mi estructura: en detalle estaba formando brazos, piernas, manos, pies y incluso una cabeza celebrar mi cerebro. Creo que el cerebro es tan grande, porque es donde mi forma de pensamientos y yo podemos escribir esta historia de. Por lo tanto me parece que Dios ha creado el cerebro en primer lugar por lo que yo podría descubrir elección en mi existencia.
En su interior fue la realización de mi mente. Y sé que esto me da mucha control sobre mis acciones y aprendo sobre los de mi madre.

Créalo o no: Even mis ojos, oídos, nariz y boca comenzaban a forma. Aunque cada uno sería inútil pensé excepto las orejas. En este punto, me pregunté por qué Dios ponen estas características inútiles en mi pequeño cuerpo frágil. Porque yo podríamos no olor y yo no podía ver.

He decidido no preocuparse por el por qué y aceptó en su lugar que Dios tenía algún motivo que yo no podría entender siempre en mi vida. Pero, los oídos habían intrigado me...O sí los oídos!

Despertó con un comienzo:
Algo estaba causando un cambio de presión a mi alrededor. Pánico se establezca!
Comencé a torcer y activar y estirar y patear.
Fue debido a esta acción que aprendí y descubrió cómo utilizar mi mayor activo porque mientras I fue torsión y convirtiendo me golpeó en la pared de la matriz.

Y, he oído mis primeras sonidos porque descubrí los oídos trabajados.

He oído: "Su Fanny embarazada" y que era todo porque antes de que podía escuchar ya estaba recuperado nuevo de ese muro mágico que actuó como un amplificador para mí recoger mis primeras palabras y es de esperar más tiempo.

Descubrí el mundo exterior.

Fue a través de este muro que he podido averiguar algunos hechos muy importantes y tid-bits en semanas más tarde. Pero esa historia es para más tarde porque en este momento que me sentí todos retorcido debido a ese chico que mantuvo escribiendo sus dedos alrededor de mi vientre de las madres intentando me molesta. ¿Doctor es lo que creo que a mamá le llamada? ¿Sin embargo, yo nunca se comprender por qué tiene que asoman para ver si las madres embarazadas? Después de todo se mostrará sí más tarde o más temprano exactamente como Dios había pensado que sería.

Sin embargo, supongo que era bueno para mamá ver ese empujador: para le dio ciertas píldoras y medicamentos para reponer los productos químicos que yo estaba robando de su sistema.

Más adelante en esta semana como mi fuerza repuesta I aventajó a mí forma sobre a ese muro mágico y escuchado por los sonidos del mundo exterior a mi alrededor. Y he aquí una lista de mi descubrimiento:
Home run, mama, tuvo éxito, María, más, mi, la muñeca, valla, chico y cada vez más que incluso un equipo podrían no figura les todo. Es cierto que yo mismo fui en este momento no está seguro qué hacer de ellos.

Sin embargo, mi decisión fue hecha. Las orejas! Sí los oídos y ese muro mágico que significar algo así que seguí escuchando en cada oportunidad. Además, mi soledad no era tan mala que tuve una conexión con el mundo exterior. Ahora que ya no era un ermitaño al mundo trajo lágrimas de alegría dentro. Así que me mantuvo escuchando en cada oportunidad y oído: miel de su movimiento, y se preguntó qué qué fue que hablando. Tal vez pensé como reunido estas palabras podría ser que "Mary fue mover su muñeca casa sobre el valla chico home run golpeó mama"

Estoy cansado de escuchar ahora. Por lo tanto volver a dormir entraré. Goodnight todos!

"SEXTA SEMANA"

Durante la sexta semana hice otro descubrimiento. Desde entonces ahora he domina el muro mágico con los oídos. Es lógico que algo nuevo debe ser en el viento. Encontré o debería decir descubierta alimentos que comió de mi madre podía degustar. Ahora la mayoría de los empujadores conocidos como médicos podría decirle que es imposible para mí a la alimentación de sabor. Pero, es cierto!

Yo podía degustar y fue a través de ese muro mágico y los oídos: que pudo ampliar mis conocimientos y mi sabiduría y aprendido de esos alimentos maravillosos allí. Grandes alimentos como encurtidos, helado, sardinas y mantequilla de maní, cubos de hielo y muchos más.

Ahora la mayoría de las personas cree un up sólo madre embarazada y tiene ansias de ciertos alimentos mientras que en el embarazo. Pero eso no es cierto!

Lo que realmente sucede es que los bebés en el vientre oímos hablar de diferentes alimentos en la pared mágica y con los oídos. Hemos oído hablar de diferentes alimentos en la pared mágica y ser curioso porque no vemos les queremos todavía les pruebe.

Bien lo que hacemos es concentrado real real duro y implantes un ansia de nuestra madre presente. Hace falta un poco de práctica. Sin embargo podemos obtener el trabajo hecho por determinación. Y ahora estoy diciendo que no es culpa nuestra que logramos que esos alimentos en orden de gusto como puede en el exterior. Después de todo, recordar todo lo que conseguimos es nueva para nosotros.

Como ayer por la noche cuando era hambriento de frijoles y cubos de hielo.
Le digo el problema tenía transmitir que la falta de alimentos a mamá era terrible. Sin embargo, se situó por mis cañones y exigió frijoles y cubos de hielo. Medios y en poco tiempo yo estaba disfrutando de cubos de hielo frío con frijoles vierte todo sobre la parte superior del hielo triturado.

Le diré esto sin embargo: que la parte más difícil de frijoles y cubos de hielo es que son muy fríos. Fría fue una palabra que aprendí el significado de inmediato porque me hizo temblar y saltar y mover obtener caliente. Sin embargo, calculo que obtengo uso para estas cosas para el martes sólo escuché una Patty piden a mamá más frijoles y cubos de un vaso de hielo. También me gusta los frijoles y cubos de hielo ahora!

Sin embargo, a pesar de que me gusta frijoles y cubos de hielo que admito tienen aún poder obtener mamá para enviar abajo una Patty o un cristal, a pesar de que he probado y intentó de nuevo ordenarlos.

Todo listo creo sólo gran. Pequeño, pero la vida y de vez en cuando, pero no a menudo: torcer en una manera de darle a mamá la idea de que estoy aquí: pero, generalmente salga en este momento. Después de todo lo que necesita mi descanso y puede no ver ningún punto en pestering mi mamá que decido que deseo.

Por lo general consiste en mi día de dormir y comer y comer y dormir mientras estoy desarrollando continuamente en un niño humano que fue un regalo de Dios. Hey! Asegúrese de que estén sorprendidos porque escuché en ese muro mágico que esperan una cinta azul o un lazo rosado. Sé que esto! Porque tuve mi cabeza con los oídos presionados contra la pared mágica como una voz decir sería el primero de ellos para recoger su bebé de cinta azul o rosa. Niño! ¿Han asignan a aprender?

"LA SEMANA SIETE"

A veces me pregunto qué es el mundo exterior como para oigo sonidos graciosos que mantienen llover en la pared mágica y escuchado por los oídos y mi imaginación va a trabajar.

Ayer averiguó que mis brazos y manos eran lo suficientemente móviles a las cosas de calcetín y me parece que a veces las cosas que hace de mamá son suficientes para matar a me. ¿Por qué ella fue doblada sobre ayer en una situación terrible borrado un piso de lo que cada vez que es? Pero de todos modos que sea ella fue hacer poner tanta presión sobre mí me loca. Por lo que socked le una y otra vez hacia atrás y finalmente ella lastimar bastante a mí y recto estuvo hasta nuevo: Boy fue que un alivio.

Razón por la que muchas madres son desconsideradas acerca de nuestros sentimientos que supongo no sabrá nunca. Sólo piensan sobre sí mismos. Gee rozando!

¿Curiosamente, permítame añadir? Que aprendí sobre palomitas de maíz, televisión y algo llamado un pañal. No estoy seguro de cómo estos degustar todavía, pero yo estoy pedirlos lo mejor posible. Mi cuerpo está creciendo ahora a pasos agigantados y la oscuridad parece fundida y mi soledad ha desaparecido.

Me pregunto lo que Dios está pensando. Porque mi alma dentro de longs que donde comencé en primer lugar en la tranquilidad de susurro a donde en la creación de todas las almas son míos dice mi Dios.

"LA OCTAVA SEMANA"

Por ahora he descubierto que pueden iniciar mis piernas y ahora y luego su diversión para dar una risa a la gente en el exterior. Última vez lo hice: he oído a un hombre llamado un abuelo decir él podría sentir. Pero realmente mi patada sigue siendo sólo luz suficiente para mamá a sentir y ella obtiene una patada de todo el mundo diciendo que ellos deben sentir me patear y pretenden parece y supongo que les da una emoción.

De todos modos; anoche tuve un tiempo muy mal; adivinar lo que sucedido pero puede malinterpreten mis hechos un poco pero aquí va:

Yo estaba durmiendo real pacífica y justa de relajación. Cuando de repente que obtuvo ruff real. Muchacho rebotó en el lugar y mis pies me golpeó en la cabeza, mis manos golpeó mis pies y lo hice summersaults al menos seis antes de que se detuvo. Después de que se detuvo dolía todo, al parecer, bolsa de agua de la madre, que me ha llevado a cabo en protección comenzó a perder y estuve en forma de ruff real. Se sentía como todo a mi alrededor había sido golpeada por un gran terremoto.

Corrió sobre a la pared para escuchar lo que había ocurrido.
Escuché a Papá, llamar a la mamá. Papá estaba diciendo algo sobre una alfombra de presa en las escaleras y eres heridas o algo así. De todos modos lo siguiente que me di cuenta fue la sensación de ingravidez a una cosa llamada una ambulancia. A continuación, lo escuché! El sonido más alto jamás y casi me habían ensordecido. Todavía no sé lo que era seguro pero sighed alivio cuando cierre. A continuación, escuché personas en todo el lugar y más que nunca con revuelto voz alta voces como yardas por tierra vientos. Hacia arriba y hacia abajo fuimos algunas más. Era como gran estación central.

A continuación, reconocí la voz del médico empujador. Fue muy emocionada y a toda prisa; he preparado para un ataque de dedos duros pero a ninguna necesidad como por primera vez sus manos eran muy luz en tocar y me dio una sensación de seguridad; dormí.
Me desperté a tiempo para escuchar peligro!
El médico de empujador que aprendió a tocar con cuidado y gentileza dijo, "sus es un peligro de perder el bebé debido al saqueo de ruptura de agua"
Así hice!
Mi propia preservación que se trasladó en y se movió hacia la pérdida de presión a lo largo de la pared mágica y sentí mi forma de la ruptura en la pared, un pequeño desgarro de una pérdida. Yo sabía que esto no tenía razón estar allí, así que me agarró la suspensión del mismo con mis manos y exprimido como tight como pude. ¿Cuánto tiempo podría sitúo sería hasta Dios?

Sin embargo, sabía que necesitaría todo mi fuerza que vino a mi mente de I no sé donde. Por suerte el médico ordenada ma a tumbarse y esta ubicación menos presión sobre mí por lo que era capaz de conservar el agujero durante una hora o más, dándole tiempo al cierre. Luchando por mi existencia antes de que morir.

Después el hecho de que esta emergencia obtengo un tiro fuera de ese viejo empujador doctor porque le escuché decir a mi madre tres días más tarde que había atrapado en el tiempo y que era seguro. No una vez lo hizo él decirle la verdad; que era yo quien hizo todo el trabajo mientras mi mamá durmieron en algo que se llama un gurney.

Que empujador médico hombre debe comprender que le oí mientras escucha más tarde en la pared mágica y con los oídos: Y lo que he oído muchas veces estaba que todos lo hizo fue mantener pidiendo papá porque algo llamado un cigarrillo mientras que sentaban conmigo y ma esa primera noche y café que he disfrutado desde primera degustación de ella. ¿Por qué café y sardinas se convirtió en mi favorito snack de elección a mi madre.

El quinto día del doctor finalmente dijo algo que he estado de acuerdo con que me tocó en el vientre y dijo, "Get descansar mucho". Por lo que hice.

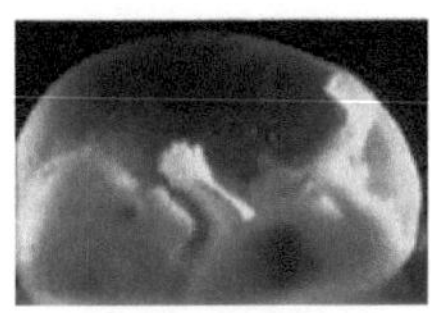 (Internet gratuita de cualquier fuente de uso)

Casi se puede ver cuando reparados el desgarro si usted busca real estrecha.

"LA NOVENA SEMANA"

Estoy todavía muy semana por lo que si me perdonen caerá volver a dormir.

Todavía me siento un poco wee contusos de mi Calvario. Todavía! Estoy agradecido que Dios
Vela sobre mí y me ama tal como soy.

Décima semana

Ahora que siento descansado nosotros vamos seguir en lo mejor de lo que yo puedo recordar.

Aprendí esta semana es de lo que un cuello de la en de dolor. Comenzó ayer cuando escuché a mamá decir a una Patty "eres un poco dolor en el cuello regular pero te amo al mismo tiempo."
Bien por suerte que he tenido que desplazarse a oír mejor y sorprendido contra algo duro y cuando lo hice esto he oído ma decir "Yo tengo un dolor en mi cuello de verdad ahora".

Bien ser un buen muchacho como estoy di cuello en la semana pateando que spot para después todos un niño bueno mentes a su mama y fue el pedir un dolor en el cuello al menos 5 dolores. ¡Yo no!

¿Sabes? Me vi pies hoy aunque eran un desenfoque y una sorpresa en tanto que rápidamente cerré mis ojos.

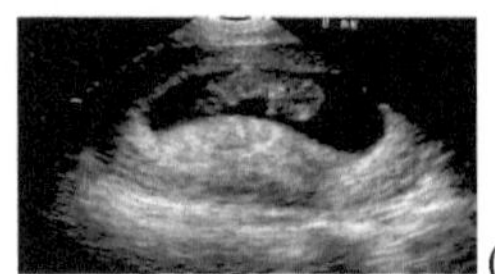 (Internet gratuita de cualquier fuente de uso)
Asegúrese de que yo les gusta obtener mi fotografía tomada.

Undécima semana

Por ahora disfruto a estirar mis músculos y cada vez meto encogido hasta estirar o patear algunos. ¿Si la gente sólo sabía cómo apretado estas cuartas partes son? Por eso todos los días ahora tengo que empujar a mamas vientre fuera por lo que me da más espacio para moverse en y estoy moviendo alrededor se asignan ahora.

Estaba preocupada ayer cuando escuché decir a mamá a abuelo, "ha ingerido una semilla de sandía no" pero salga preocupante ya que nunca aparecieron aún.

Yo realmente estoy creciendo ahora. Mis piernas y brazos están desarrollados y obtener un poco más cada día. Yo también he cambiado mis papilas gustativas alrededor. Razón por la que ayer tuvimos choucroute por primera vez y fue tan buena que he puesto un pedido de para un bocadillo, desayuno, snack, almuerzo, merienda, cena y medianoche otro aperitivo esta noche. Y esta noche estamos intentando pretzels y sauerkraut con helado y un sandwich de sardina muy grande. Asegúrese de que disfruto las sardinas.

(Internet cualquier fuente de uso gratuito)

Yummy a mi vientre. Es igual a la mezcla de los tres. Yum! Yum!

Duodécima semana

Anoche pude sólo dormir porque mi madre mantuvo lanzando y convertir toda la noche y tuvo el nervio para decirle que Papá que era mi culpa todo. ¿Cómo podría ser?

Me estoy volviendo ahora mucha atención de las del mundo exterior. ¿Por qué cada mamá mañana recuerda a darme un gran abrazo y mi vientre rasca para mí. Y siempre tiene una palabra amable para mí y pensamientos comparte que yo nunca revelará: son entre ella y me.

¿Me pregunto por qué muchas personas no hablan a sus bebés para estamos vivos dentro de ellos? Que existen y que podemos sentir y escuchar y mucho más, porque Dios nos ha dado vida. Todavía hay algunas que no darse cuenta de cómo disfrutamos anuncio a sus voces y más que deseamos para escuchar sus voces para pierda la voz de Dios, conversando con nosotros desde donde llegamos primero de.

Esta noche nos estamos ordenando un favorito nuevo de huevos, queso y salsa de tomate. mostaza, encurtidos dulces y todo servido en rebanadas de pan. ¿Todavía estoy intentando figura es qué pan? Recuerdo que el pan de la vida de Dios todavía y esto no parece ser el mismo pan. AM confundido?

También he oído una historia de peces. Ahora sueño de pesca con papá que contó la historia.

Por RWV "Man in inversión"

Esto es papá pesca!

XIII semana

Muchacho oh muchacho mamá seguro que tenía problemas para esta semana.

¿Recordar esas cosas llamadas una Patty y una María? Bien realmente consiguieron sobre mis nervios esta semana. Mantuvo pestering mamá diciendo una y otra vez qué agradable será tener una hermana del bebé. ¿Una hermana bebé?

Bien después de dos días de la lista a la se me molesta y como todas las futuras madres saben cuando su bebé se molesta por lo tanto usted. Yo estaba lanzando una rabieta literal porque fui ser llamado a una niña. Y se lo que supongo que es más tarde en mi vida seguro I deberá.

Y lo mejor de todo es mamá dijo finalmente este Patty y María que no sería una niña que se creía que sería un hermano menor y que amaba todos exactamente lo mismo. Estas palabras sonaban muy familiares, pero estaban en otra época y otro lugar que cada momento se desvaneció más y más de mi mente.

Sin embargo, se puede decir que: bien poco viejo consiguió una gran cabeza grande de swelled en descubrir un hermano fue sobre la manera de recordar observaba como mis hermanos murieron para que voy a vivir. ¿Es lo mismo que morir One para guardar los muchos?

Me cansados como los wisdoms alejarse y pacíficamente por primera vez en días puso a dormir tratando de volver atrás y ver la cara de mi Creator.

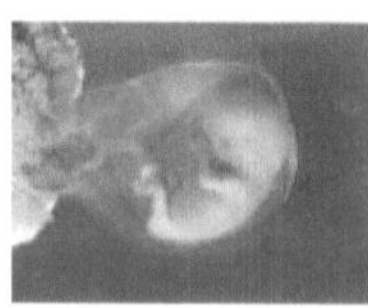
(Internet gratuita de cualquier imagen de origen de uso)

Mi mundo estaba lejos de lo que sabía de una vez. Hey! Puede ver la pared mágica y buscar estrecha y también verá las orejas.

Catorce semanas

Las cosas que son requeridas por nosotros los bebés para recorrer a veces son terribles.

No sé por qué mamá lo hizo, pero seguro que fue caliente.

Yo había sido lanzando una vez más toda la noche y no consiguió prácticamente dormir en absoluto. Escuché decir algo sobre nosotros levantarse un 4: 00 de la mañana y estimulación de la palabra a Papá. Bien para complicar peor había convertido de manera realmente dar dolor a espalda de mamá; lo no hago a propósito por lo que no sé por qué me castigada. Pero, cualquiera que sea lo seguro no haré otra vez.

De todos modos hemos dejado inicio sobre ocho que noche y mamá habían dicho a una cosa llamada sitter o hermana. A veces se escucha en la pared mágica con los oídos no siempre es tan clara como quiero que sea. Yo creo que aquellos en el exterior deben aprender a hablar y hablar más fuerte que la mayoría de las tareas.

Sin embargo, me gustó el paseo que adoptamos en el coche thingy. Recuerdo porque yo seguí patear con alegría, al igual que el coche thingy llegara más lento y, a continuación, obtendría más rápido y me gustó más rápido sobre el más lento, por lo que yo seguí patear mi mamá en el-------. Asegúrese de que la hizo saltar. ¿Tal vez eso es lo que yo hice mal?

Cuando nos detuvimos estaba realmente loco porque quería ir más rápido una vez más. Pero, a continuación, comenzó.

Todo lo que me rodea comenzó a obtener caliente al tacto y incluso a veces pensé que iba a fry. El calor obtuvo tan insoportable que todo lo que podía hacer era sólo se encuentran todavía a mantener más frescas. Envié a mi angustia como mejor como he podido, pero es como pedidos algunos de dichos alimentos. Lo que tenemos es una sorpresa!

De alguna manera mamá se dio cuenta de lo que me sentí como para dejamos el calor. Escuché a una persona a pedir a mamá cómo se sentía. Mi mamá, a continuación, respuesta: "Esto es lo mejor que me he sentido en semanas. Ese hidromasaje realmente ha tomado los inconvenientes de mis dolores musculares, pero sentí que mucho más podrían dañar al bebé, por lo que abandonó la sala de vapor". Gracias a Dios ella finalmente pensó me que dije a mí mismo como hemos dejado ese lugar caliente.

Ahora recordar esto fue mucho tiempo atrás y espera ahora los médicos empujador no advertir personas de entrar en algo que podrían grabar el niño dentro. Ahora digo a todos. Comer cubos de hielo en entrar en una sala de vapor.

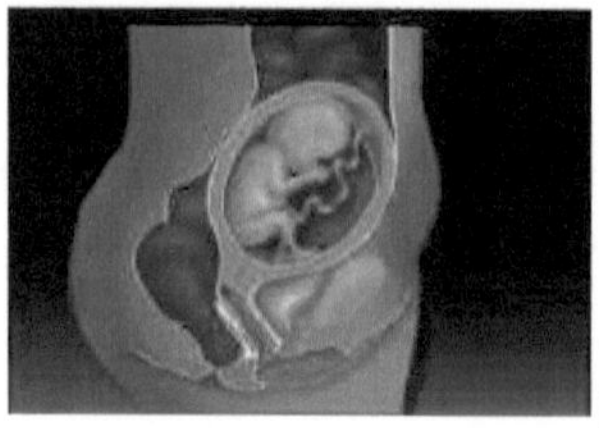 (Internet cualquier fuente de uso gratuito)

Alguien llamó esto de mí. ¿Supongo que estoy todos allí?

Quince semanas

Que seguir hablando de ser agradecidos, pavo, dumplings y fútbol en el mundo exterior. He sido capaz de determinar todo lo que está sucediendo, pero estoy seguro deseando degustación de fútbol.

He sido un niño real bueno esta semana; y sólo mantuvo a mama hasta dos noches. Después de todo un muchacho creciente tiene que estirar a veces.

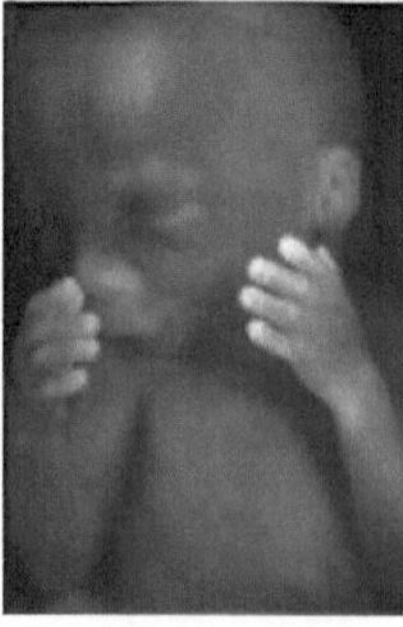 (Internet cualquier fuente libre uso)

¡Vale! Por lo que no esperaba un cierre arriba. Hey! ¿Consulte los oídos ahora?

Dieciséis semanas

Yo nunca lo hizo llegar a gusto de fútbol, pero ha encontrado fuera que se juega en la televisión y podría escuchar los gritos fuertes mientras que pretendían ser en que el fútbol jugando a sí mismos. ¿Tal vez eso es lo que la televisión es para? Realmente lo sabía todo el tiempo y por lo tanto yo nunca ordenó una comida de fútbol.

Personalmente Turquía era real sabroso, y el puré de papas eran buenas. Sin embargo, la salsa fue protuberante.

Debe haber sido el pastel de calabaza cubierto de chocolate y mantequilla de maní, que causó toda la conmoción. Podría oigo gruñidos y copias instantáneas y detonaciones incluso romper todo a mi alrededor. A continuación, para colmo mamá bebió algo más tarde en la noche que sizzled todo el camino hacia abajo y burbuja y me dejó despierto toda la noche. Y ninguno de nosotros cualquier sueño. ¿Por qué ninguno de nosotros dormir?

Pensé que si ella iba a mantenerme despierto con ese crepitando y luego lucharían fuego con fuego por patear, socking y rolling alrededor de causa. ¿Creo que ambos hemos perdido?

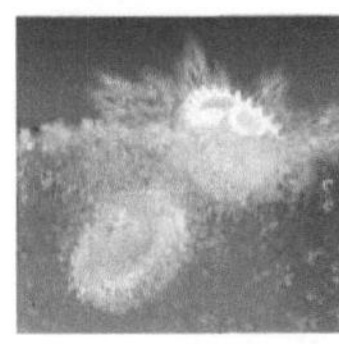
(Internet cualquier fuente de uso gratuito)

Sí! Eso es lo que causó un buena noche sueño ir por el desagüe.

Diecisiete semanas

Por esta vez las cosas eran volvió a la normalidad; yo estaba creciendo muy rápidamente y madre estaba haciendo O.K.

Decidí que era hora de hacer un buen descanso largo. Después de todas las últimas semanas habían realmente logró me arriba. Yo tengo que han perdido al menos 1 onza de peso a través de la última prueba de semanas pocos.

Una cosa más antes de que yo duermo: lo dandiest ocurrió ayer estaba lista pacíficamente a las cosas sucediendo en el muro mágico con los oídos cuando alguien el vientre de mamá. Reconozco que no dolía mucho. Pero mientras escuchaba escuché el eco ir trueno de trueno de más divertida thump. Más tarde me di cuenta que era mi propio latidos cardíacos, haciéndose eco de tímpanos de mi padre.

Dentro del ámbito más oscuro me se encuentro que desean la luz. De alguna manera luz se basa en mí y deseo ver la luz. Pensé que una vez en un sueño de sueños que hubiera tenido una vez visto la luz. ¿Tal vez hice? Sin embargo, lo único que sabía era quería la luz una vez más. Pero parece que me evadir por lo que ordenó abajo algunos chow.

Patatas chips envuelven por supuesto en las sardinas maravillosos.

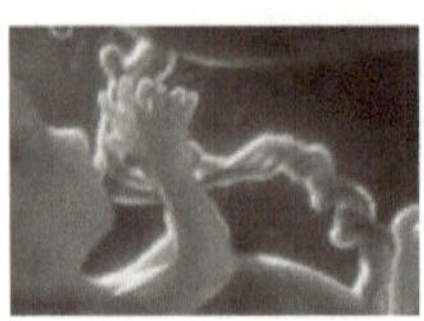 (Internet cualquier fuente de uso gratuito)

Aprender a lamer un incauto soy yo por las hermanas quieren todo el tiempo.
Así que simplemente estoy preparando uno tener demasiado. Puede degustar como sardinas!

DIECIOCHO SEMANAS

Adivinar lo que! Anoche fue realmente grande. Comenzó con encurtidos y cebollas para la cena. A continuación, sugerí que hemos pedido algunos cubos de hielo y choucroute y también era bueno coronada con una losa de tocino untado con mantequilla de maní y envuelto en pan. Pan es muy bueno ahora y pido constantemente.

Entonces decidí que era tiempo de conseguir algún ejercicio. I se extendía mis brazos y patadas mis piernas en todo tipo de direcciones pero mama no quería jugar I guess porque ella mantuvo me patting y diciendo, "por favor ir a dormir".

Bien te diré! Soy rey mi mundo y decidí que era hora de mostrarle una cosa o demasiado. Estoy smash mis piernas en ese lugar y obtener su atención de inmediato. Pero, antes de empezar a plena marcha. Dejé y me recuerda ese sauna y fui derecho a dormir. Después de todos los niños deberían cuenta sus madres.

Mi cuerpo es emocionante para mí. Me parece totalmente nuevas cosas a jugar con casi a diario ahora. Me parece que estoy de acuerdo que Dios ha hecho una gran creación poco aquí: ME!

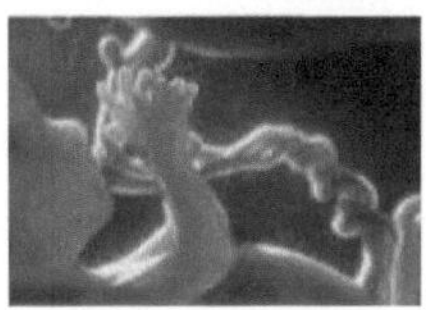
(Internet cualquier fuente de uso gratuito)

Buen dolor! Tomaron fotos duplicadas. ¿Es esto un beso?

Diecinueve semanas

Asegúrese de que van las cosas el exterior como alguna cosa llamada deduzco de Navidad. No estoy seguro de lo que es una Navidad pero parece que todo el mundo feliz y gay. También viene con chocolate y cerezas con una gran cantidad de corte de sardinas. Creo que me voy a gusta esta cosa llamada Navidad. Hay alguna cosa conocida como repito la palabra Navidad pero mis pensamientos son incapaces de resolverlo.

¿Por qué he oído hoy alguna cosa que merecería la pena su peso en oro si sólo podría comunicarse con el mundo exterior. Escuché decir a mamá que tenía escondida en el garaje de juguetes, y qué niño no le gusta juguetes a Papá. Bien si podría hablar con que Patty o Mary ahí fuera seguro que pagaría mucho saber donde se escondieron todos los goodies.
Y que luego no podrían mantener pidiendo para una hermana. ¡Venga, sí! Por cierto yo sé lo que hermana y hermano decir ahora. Soy un hermano y se llaman a mis hermanas. Parece mama había una fotografía especial de mí que "ella" fue convencida por lo que yo era un niño. Para dijo Patty y María todo sobre él y todo acerca de mí. Sonrió!

¿Sabías que una cláusula de Santa viene a nuestra casa en Navidad? He oído mama decirle a mis hermanas que él estaba llegando a la ciudad y a nuestra casa. Dijo, Santa cláusula podría ser comprobación nos dos veces para ver si estábamos travieso o agradable y si hay algo que no necesito es otro médico empujador picando para retirarme. Esta noche es Nochebuena y todo el mundo seguro suena feliz allí. ¿Por qué he oído todo tipo de sonidos!

Alguien agarró mama real estrecha y dijo, "' re bajo el muérdago" pensé que todo el tiempo que estábamos bajo el embarazo. Seguro, un chico aprende mucho en ese muro mágico. Soy de relajación y escuchar palabras suaves suaves esto por todos al mismo tiempo: like here comes Santa Clause, oír viene Santa Clause y otra fue:
En un pesebre fijar la cabeza dulce. SO noche Night...!

Por RWV

Oh que tuviese un cachorro de oso poco. A continuación, alguien se mantenga y me abrace. Oh que tuviese un cachorro de oso de miel dulce. Entonces alguien encantaria me.
¿No está mal para un bebé diecinueve semana antiguo que sólo calculó Navidad?

Veinte semanas

Bien todo lo ha convertido en tranquila en el exterior esta semana. Encuentro que allí la tranquilidad es mucho mejor que todos los gritos y el ruido de lo que llamaron el día de Navidad y la apertura de regalos. Me ordenó un regalo de mamá, pero sólo recibió helado. Ellos presenta mísero está evadiendo. Así que supongo que el rumor de que escuché en el muro mágico con mi EARS... que era: es mejor que recibir es cierto!

Pero tengo que admitir que dentro de las cosas han sido popping.
¿Por qué mis músculos dolían tan mala que todos he estado haciendo está extendiendo y coleando.
MI cuerpo es bastante desarrollado ahora y todos mis características son muy distintas. Mis manos están obteniendo realmente fuertes de todos de todos socking que hago a mama. A veces pienso que ella obtiene me molesta por ser tan animado por lo que intento calmar hacia abajo y no molestar a demasiado. Pero, a continuación, supongo que es el precio que tiene que pagar para tener otro bebé. Que es me!

Después de todo; todo el mundo se siente lástima por las madres embarazadas dándoles calmantes asesoramiento y reconociendo su duele y dolores. Sin embargo, nadie considera que los bebés que vamos a través de mucho más que las madres. ¿Estamos haciendo todo lo que se sabe?

Somos los que mantienen empujando y patadas para más espacio. Con ello empujando a boca abajo de mamá. Lo hacemos todo por nosotros mismos demasiado. Porque no ayuda la mamá lo hagan. Incluso nos compruebe que nuestros mommies estén bien alimentadas incluso si es por nuestro propio yo se que lo que queremos del mundo en que estamos. ¿Tal vez, esta es la razón por el dolor de travail de nacimiento viene aún en ser descubierto: cuando?

Sin embargo, debo reconocer, no tendríamos lo cualquier otra manera porque me encanta a mi mama. Por amor es la verdad universal y incluso todos que los bebés comprender amor y deseamos amor y incluso buscar amor torsión, activando, rebotando, laminación, saltar y patadas a la atención de amor de mama. ¿Hay otra forma?

(Internet cualquier fuente de uso gratuito)
Como se puede ver. Estoy haciendo que mi diario exorcisa ahora y empujando duro contra la columna vertebral de mi mamá, realizar la copia de seguridad y por supuesto empujando a ese vientre tan tengo más espacio para obtener incluso más grande y más inteligente y más dura.

Veinte-primera semana

Esto ha sido una semana terrible y comenzó con un bang. Mamá y yo habíamos sido va a lo largo de real bien. Todo parecía sólo gran. Fuimos dos tipo de descanso y estaba escucha en la pared mágica y tipo de dosificación y.

Bien escuché daddy vienen en la sala y enseguida me tocó y dijo "¿cómo sientes?" También me sentí bien que respondí.
A continuación, preguntó: "Vamos a esta noche." También me gusta salir por lo que envió un mensaje a mamá le permite ir. Funcionó. Hemos disfrutado mucho el paseo y de hecho es tan tranquilo que yo realmente quedó dormido en un coche por primera vez.

Cuando me desperté sonaba como un partido sucediendo. He escuchado a mucha gente por ahí. Incluso mi vocabulario aumentado esta noche lo causa el primero que escuché fue "Denme un whisky escocés en cubos de hielo".

Bien reconocí cubos de hielo y como todos sabemos por ahora. Inmediatamente envié una orden para algunos cubos de hielo y decidí al mismo tiempo que sería un buen momento para tratar algunos de whisky escocés. Por lo tanto, he ordenado y llegó. Así que tuve cubos de hielo y whisky escocés. Bien realmente había probado muchas y tanto de hecho que ordenó a otro. Ahora curiosidad hay mejor de mí, me enteré de brandy, whisky y gin con cubos de hielo. Bien, ordenó a algunos, pero tomó cada onza de izquierda de poder de voluntad en mí para obtener a mamá a pedido de uno con un poco de cada uno en el mismo.

Bien, le puedo decir cuando Mamá finalmente ordenó para mi papá dijo, "You ' ll be sorry miel" y buena madre vieja ella estancada durante sus derechos ella respondió, "no sé por qué; tengo este anhelo divertido para ellos".

Por último, yo habíamos mi camino y hemos disfrutado scotch, brandy, whisky, gin y el mejor de todos los cubos de hielo todos mezclados en un vaso o dos. Ese vidrio no tiene todavía gusto.

¿Todo iba gran, nosotros incluso bailó con papá un baile o dos, o tenía tres o cuatro?

Entonces comenzó. Creo que mamá fue el primero que afectaba como comenzó no para sentirse demasiado bien. Y, a continuación, me golpeó de demasiado como mi cabeza comenzó a sentir como que flotaba todo el lugar y todo lo que estaba empezando a sonido borroso en el exterior. Traté de decir algo; pero en ese momento tengo que admitir ahora al recuerdo que yo incluso importaba en ese momento lo que estaba sucediendo nada más, estaba demasiado preocupada acerca de mis propios problemas. Luego de repente hubo un gran auge grande desde fuera y todo el mundo decía "Happy New Year". También estuve en ningún Estado de ánimo a ser feliz como el mundo giraban alrededor de mí. Así que he pedido mamá para que me hogar de descanso.

Eso es lo que tuvo lugar la primera parte de la semana.

El resto no fue demasiado bueno, ya sea como recuerdo a esa noche me y ma wasn't sentir demasiado bueno. ¿Y aún no sé cómo describir cómo me sentí la mañana siguiente? De todos modos hice una promesa para mí anoche donde en decidí que yo podría mantener con cubos de hielo pero bajo ninguna circunstancia que tengo cubos de hielo con brandy, whisky escocés, gin y whisky nunca más.

Después de todo uno debe cumplirse con las cosas uno disfruta en lugar de agregar cosas al disfrute que hace peor y, a continuación, no una alegría.

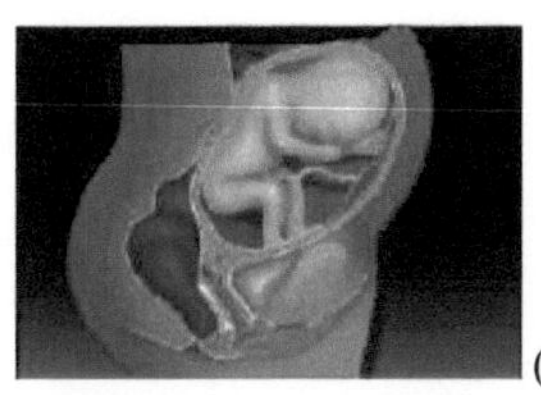 (Internet cualquier fuente de uso gratuito)

¿LO AQUÍ POR APRENDER UNA LECCIÓN DE TIEMPO DE VIDA?

Vigésimo segunda semana

¿SABER QUÉ!? Me parece genial esta semana.

¿Sólo, ayer he disfrutado un día entero de estiramiento y patear; y sabe lo que encontré? Encontré que en mis pies son estos golpes poco y existen cinco en cada pie. Bien jugaba con ellos toda la noche. Y cuanto más jugaba con ellos más me hizo reír para que tickled. Debe tickled mama demasiado para ella rió junto conmigo. Todo el mundo dijo que yo estaba realmente moverse mucho y que ella no obstante que realmente tengo que tener un buen momento. Tiene razón. Tengo un buen momento porque me rendí esa teoría del big bang de una noche.

Hoy he oído que vamos a tener una fiesta de cumpleaños muy pronto para alguien que está teniendo un cumpleaños la semana próxima. Y decidí inmediatamente que bajo ninguna circunstancia nunca ordenaría una fiesta de cumpleaños. Han aprendí mi lección de esas partes y no desea ninguna parte de ellos de nuevo.

A veces nos enteramos sólo por nuestros propios errores. Uno pensaría después de millones y millones de años que ese podría ser simplemente un wee mejor que el pasado. Sin embargo, he llegado a la conclusión que no tiene. Otra conclusión que he alcanzado es no tienen ese vidrio: IT IS DANGEROUS!

(Internet cualquier fuente de uso gratuito)

¿Lo que usted fijamente? Chuparse los dedos es un buen ejercicio.

Vigésimo tercera semana

También estuve over-ruled y fuimos a esta fiesta de cumpleaños esta semana y admito fue divertido. Personas mantienen venidos y me lista a viejo poco en el vientre de mamá. Y todo el mundo dice cómo iba a ser un bebé bueno y que probablemente yo miraría como así y así. ¿Qué le gusta un aspecto tan y así?

También le digo: gente incluso pequeña llegó y escuchado. Esto sé para la gente pequeña tener esas voces de tono altos y fuertes, y hacen mucho ruido en comparación con decir un abuelo o el antiguo auntie Jane. Espero que algún día voy a ser un pueblo poco para parecen tener mucho más divertido que la gente grande en el mundo exterior.
Les preocupa no lo que traerá el día y simplemente vívelo, porque creo que es el camino de creación que.

Tuvimos algunos helado de comer y lo real bien probado. Supongo que me gusta de helado, casi tanto como me gusta cubos de hielo y he renunciado sardinas en el helado de ahora.

Anoche realmente me ha encantado.
Era tarde y mamá y papá fueron en la cama. Daddy alcanzó sobre y pone sus manos y la cabeza de mamá boca abajo y él frota mi vientre real ligeramente y dijo, "yo sólo esperanza es saludable y un niño" y, a continuación, mama dijo, "él va a ser un buen muchacho, solo sé". Y daddy luego abrazó y besó a nosotros y cuánto le gustaba nos ambos y, a continuación, "Goodnight mis colegas poco", dijo. También estaba tan encantado por sus acciones que declarado que mama debe obtener una noche muy bueno, eso es lo que hice. Dormí con una gran gran sonrisa en mi cara y nunca se trasladó un músculo toda la noche que dio a mi mamá el resto de noches pacífica primer puesto que ella sabía que estaba aquí.

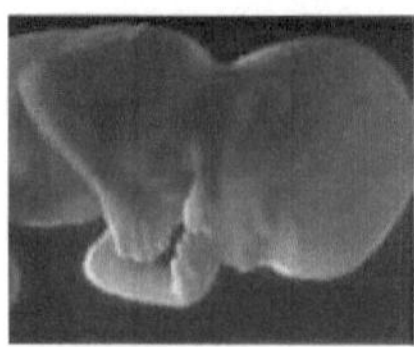
(Internet cualquier fuente de uso gratuito)

Ahora puedo pararse sobre mi cabeza bien real. ¿Puedes?

Semana de veinte-Forth

Mi mayor descubrimiento apareció de repente a mí como descubrí esta semana que tengo una imaginación.

Es decir, pude pensar cómo era el mundo exterior. ¿Imaginé lo era nuestra casa y me he preguntado qué es una cocina o un baño o un sótano fue?

En las últimas semanas estas palabras se habían convertido en parte de mí. ¿Cuál es la nieve o lluvia o granizo he pensado? ¿Qué es un tambor, pinturas o lápices de colores? Muchas palabras y lugares eran desconocidos para mí. ¿Por qué entonces hablar todas estas personas en el mundo exterior sobre ellas? ¿Por qué que contienen tanto orgullo en las cosas materiales, como un coche, barco o muebles?

¿Imaginé cómo utiliza una Patty en el cuarto de baño? ¿Imaginé lo que estaba haciendo un frigorífico en una cocina congelación de leche y unthawing helado? Imaginaba lo que un perro pintado parecía, o nieve sobre el Rocío? Incluso imaginé le!

Lo único que sé es que; no puedo sé todas estas cosas, pero para mí: la vida es lo único importante.

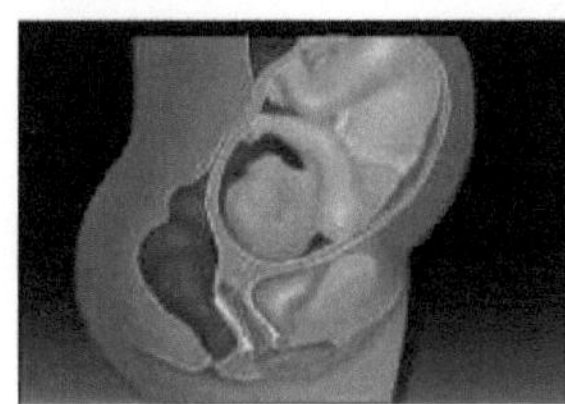
(Internet cualquier fuente de uso gratuito)

Vigésimo quinta semana

Vimos ayer el médico y él pinchaban me todo nuevo. Examinó la mamá y me y nos dijo que estuvimos haciendo realmente bien. Pero:, a continuación, le dijo a mamá que creía que era una muy buena oportunidad que yo podría ser una chica y en las otras imágenes de rayos x pueden han hizo un error o dos en. ¿Lo que dije?

Así que me hizo lo loco que cuando él coloca su oído frío en mi vientre de nuevo que burped derecha en tan fuerte como pude y he hecho todo tipo de ruidos de gurgle y eran lo suficientemente que supongo porque quita su oído frío.
Y, por cierto mamá le recta como ella dijo, "no! Es un chico".

De todas las personas que escuchan para mí la única uno en el mundo exterior, que es una plaga es ese médico empujador, y tiene el oído sólo frío allí. Él debe comer realmente cubos de hielo todo el tiempo.

Los médicos empujador son personas locas a veces. ¿Y, tienen las manos más frías de ronda?

Imagine the days past and the days yet to arrive. Why! Even I imagine you. Imagination is a gift and one I am glad I found. May you discover all that imagine to imagine may find. (ME)

Esto además de esto >>> problemas igual para BABIES.
(Internet cualquier fuente de uso gratuito)

XXVI semana

¿Hoy estaba frotando mi cabeza porque itched y adivinar lo que encontré? Sí! Encontré que algo que no estaba allí antes estaba ahora allí. Es difícil describirlo. Pero trataré de porque no tengo ni idea qué llamarlo.
Se siente como poco cadenas que vienen de mi cabeza y cuando tiró en ellos le dolía tanto que comencé a llorar y patada, y el rubiáceas que obtuve el más difícil tira les. He intentado tire largo de todo el día pero fue inútil permanecieron.

Mama debe haberse dado cuenta de que yo estaba con algún tipo de problemas para dijo a daddy, "Es terrible inquieto hoy" y que era. Por último me rendí en tratar de sacar las cosas. Era desesperada lo que eran iba a ser golpeado con ellos el resto de mi vida. Lo único que podría espero para era que ningún cuerpo en el exterior haría diversión de mí para hacerlos.

Ahora que me di cuenta de que podría ser atascado con ellos regresé a trabajar. Es hora de nuevo empuje vientre más fuera de mamá por lo que tendría un poco más de espacio. Tardó casi un día de empujando y empujar para estirar la sala lo suficientemente abierto.

Ordenó un snack agradable ayer: tuve manzanas en crema agria con chips de chocolate. Fue un placer a mi palet. Todavía estoy intentando ordenar perro, todo lo que sabe como.

Muchacho, mujeres con bebés simplemente no saben lo que ellos nos ponen a través de.

27 ° Semana

Tragedia nos golpeó esta semana. Ahora la mayoría de las personas siente que nos los bebés sólo no sabe lo que es happing allí y que incluso si hicimos no tendríamos sentimientos.
Lo que ocurrió fue la muerte de uno de nuestros parientes más cercanos. Y mamá y yo fuimos a verle en su viaje a Dios.
Bien, me sentía triste porque ese pariente cercano fue mi papá. Realmente lloré por su pérdida. A pesar de que no se sabía que hice.
Después de todo quién sabe más acerca de muerte, a continuación, una persona más cerca a la vida. Mi papá estaba ahora con Dios

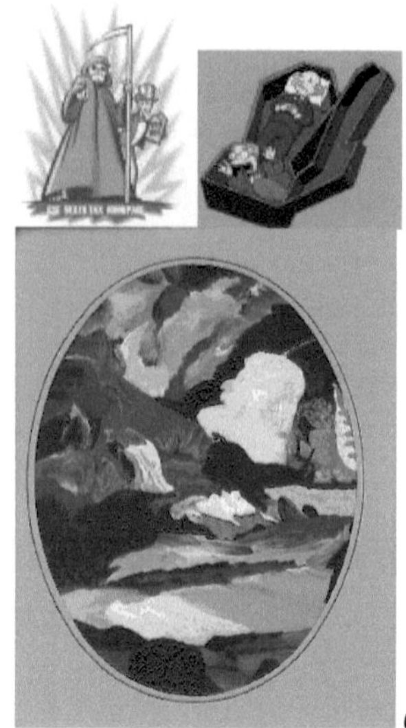

(Internet cualquier fuente de uso gratuito)

Por RWV "Jesús rezando"

Muerte proviene sobre todo ser viviente del insecto derecho hasta de hombre y mujer creado a la imagen de Dios. Todavía! Muerte no debería tener un aguijón si nos reunimos muerte con alegría de transmitir a Dios desde donde comenzó nuestro viaje. Todas las almas son que mina dijo Dios mío.

Por lo que he compartido mis lágrimas con mama sobre el paso de un pariente, y deseo podría tomar algo de dolor de mamá, diciéndole lo que recuerdo aún de ser con Dios antes de ser con ella.

28 ° Semana

Por ahora figura que pesan cerca a 3 ½ libras. No estoy seguro porque no tengo una escala aquí.

Pero comprendo la sensación de ser más grande y más pesado. ¿Tengo grasa? Me pregunto con curiosidad porque en la pared mágica y con los oídos he oído miles de veces todos los allí esa pregunta. Por lo que figura debe ser de gran importancia.

¿Por qué la última noche mama estaba durmiendo y ella reinvertidas en la parte superior de mí por accidente. Inmediatamente, lo que hice fue darle una patada en la espalda y fue suficiente para empujar la espalda a su espalda; supongo que me estoy volviendo real fuerte ahora. Fuerza proviene de la perseverancia.

Hoy mamá y he visto que la televisión. Aunque debo admitir todo lo que podía hacer era escuchar. He oído todo sobre vaqueros y pasta de dientes y tiempo de Dowdy de Howdy. Y cómo el mundo estaba haciendo, tales como; electricidad fue penique barato y Dow Jones fue abajo y cultivos eran pobres. ¿Por qué mamá y yo sólo sentados allí todo el día. A veces hemos establecido y durmió a través de toneladas de datos entrantes a través de ese muro mágico y las orejas.

Recuerdo despertar una vez cuando escuché algo sobre un Flash de noticias, pero yo no atrapar el resto.

Esa noche todos vieron televisión con nosotros. Escuchamos a otro juego de hockey. De hecho, he disfrutado de hockey más que nada en la televisión. Debido a que debe ser un buen juego y la diversión ya que se juega sobre el hielo y simplemente amo cubos de hielo. Pasta dentífrica intentado y chips de maíz pero no golpear el lugar!

Por RWV

Imaginación es también un regalo!

29 ° Semanas

Mamá y yo visitamos al médico empujador de hoy, y lo tenemos miedos.

Comenzó como cada visita. Él pinchaban y empujado y escuchado y decidió cómo que estábamos haciendo entonces lo dijo; dijo que "Ellos tienen que salir inmediatamente"

Bien yo realmente conseguir asustado entonces! El nervio de empujador médico diciendo que tengo que salir igual me estaba acostumbrando a este lugar. Y aparentemente empujador médico no fue darme ninguna opción para escuché como él nos ha enviado al hospital y nos sitúa en lo que él llamó un hospital para "sacar": sé que esto escuché en ese muro mágico con los oídos.

A la vez comencé a luchar y patada. No podía creer que mamá le permitiría hacer esto para mí y estaba asustada.

En el hospital que escuché decir a mamá, "Will hurt cuando vienen" y ese médico de frío empujador handed tuvieron el valor de decir que no sentimos algo como "vienen". Asegurarse de que puedo sentir dolor, la risa y el amor.

Aquí incumbe, roto corazón, esperando el momento venir. No tengo ningún control sobre las acciones de este médico de empujador frío y mama ha ido junto con él. Mi corazón está roto.

Poco mamá y yo estábamos llevados a una sala de operaciones. Incluso ahora no podía apenas creer que les les saque. Poco después, me di cuenta de que mamá se encontraba en un sueño profundo para ella no mover patadas y pellizcados le. Yo estaba luchando por mi vida cuando de repente empecé a obtener somnolencia y todo salió negro y todo lo que podía pensar de cómo podría ella, cómo podría ella, cómo podría ella cómo.... zzzzz

Cuando me desperté otra vez me ha sorprendido saber que tenía razón, donde estaría y nada había cambiado en absoluto.

Sólo entonces el médico de frío empujador handed entraron en la habitación y comenzó a hablar. Dijo que la operación fue realmente bueno y que las amígdalas infectadas habían salido sin complicaciones.

¿"Amígdalas" dije? Todo lo que eran me di cuenta de que en mi vida debido a estas "amígdalas". Para lo era de las amígdalas que dio su vida por lo que podría vivir.

Y todo el tiempo había preocupado que era yo quien iban a sacar. Me sentí lástima por las amígdalas, pero estaba contento de que era ellos y no me que operaban en.

Nadie se da cuenta de cuánto vida vale la pena hasta que se ven obligados con la posibilidad de perderla.
Antes de que yo dormí nuevo: orado nuevo para mi papá.

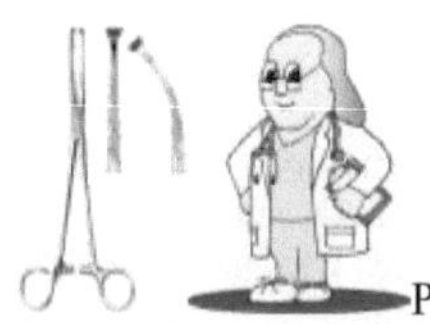PLUS EQUALS:  (Internet cualquier fuente de uso libre) dibujar por RWV

Treinta semanas

Debo informo que mi mamá está haciendo bien. Ella es una mujer muy fuerte y mantiene todo el mundo dice que ella no pierda sus amígdalas en absoluto, pero sé diferentes. Sólo ayer por la noche, le dijo a todo el mundo que ella puede sentir que son desaparecidos. Esa es mi mama fuerte para el última las amígdalas.

Extraño cómo mama de tener la fuerza perder algo pero vienen volver más fuerte que cuando se produjeron la pérdida. Incluso la pérdida de mi papá.

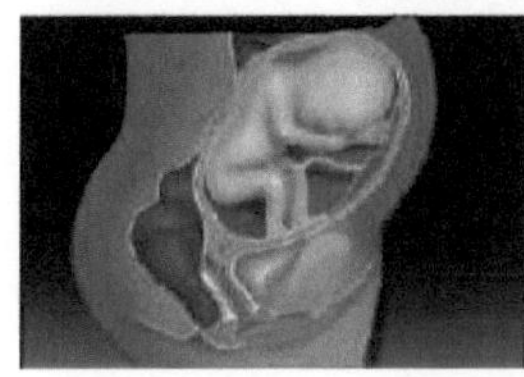(Internet cualquier fuente de uso gratuito)

COMO PUEDE VER, YO ESTOY DURMIENDO.

31 ° Semana

Ciudadanos dicen primavera está a la vuelta de la esquina. Y ese invierno es casi más. Comienza derretir la nieve y el hielo en los lagos pronto habrá desaparecido. ¿HIELO HABÍA DESAPARECIDO?

Cuando escuché esto acuerdo que era hora de renunciar a cubos de hielo. Porque un cubo de hielo derretido no es más que agua de todos modos, y el agua no era un cubo de hielo. Es como decir adiós a un viejo amigo.
Pero decidí yo era un niño grande ahora y podría llevarlo. Así que yo no ordenará mi mami comer cubos de hielo ya.

Me parece extraños ideas asalto a lo largo de mi mente. Mi mente está muy desarrollado ahora y pensamientos y los sueños ocurren en forma regular. No obstante, mantienen produciendo los pensamientos extraños. Pienso en primavera y árboles y lo que dicen son flores. ¿Qué es un crayón que he aún no descubierto? Sueño con ventosas y dulces. Sueño del mundo por ahí. Yo soy un soñador.

Por RWV "Girl"
Soy un soñador de muchos sueños:
y, ¿qué significan sueños a usted?
Soy un soñador que estaba con Dios:
y, ¿qué significa Dios para usted?

A soñar es un regalo especial: ahora doy mis sueños para usted!

32 ° Semana

Visitamos casa del abuelo de ayer y se quedó para la cena. Abuela es un verdadero buen cocinero para disfruto de su comida, y todos los demás deben también. Para todas ellas escuché decir a que nadie puede cocinar como abuela de usted.
Me gusta especialmente su gravy, porque nunca es protuberante como mama es sin embargo nunca diré a mama porque me encanta le.

En la pared mágica y con los oídos escuché:
Después de cenar el abuelo dijo, "vamos a jugar poker".

Esto me hizo todos salidos bien. Si pensaban que iba a permanecer aquí y relajarse mientras jugaban poker tuvieron otro venida de adivinar.

Comencé a torcer y patear los lados de la mama.

Tuve a dejar ahora para mi propia protección.

Es malo lo suficientemente mamá me lleve del doctor empujador cada mes y le me asoman permite pero va ser darned si sentará aquí para que todo el mundo puede jugar al póker con mamá y me convirtiéndose en la pokiest de la jornada.

Dejar de fumar le tomó un rato, pero convenció finalmente mama que ella debe ir a casa y acostarse para un rato y algunos descansar. Por supuesto, esto fue después de que pateó su estómago no una vez, sino dos veces y muchos un wee de bits más.

Todo el mundo decía que eran lo sentimos tenía que ir. Pero nadie dice que lo sentimos que había dijeron que iban a poker. Muy descortés de su parte pensé!

Que no me importa no disculpa pero al menos debe han merecido mama uno. Después de todo lo tuve grandes hombros y podría llevarlo. ¿Creo?

Trigésimo tercera semana

Calculo que pesan alrededor de cinco libras ahora. Cinco libras de carne y sangre de la vida de lucha. Cinco libras por valor de bebé. Y cinco libras por valor de control sobre mi mama.

¿Y si lo pensé que correcto, es alrededor de cien dólares la libra, causa todos oí decir que costaría unos quinientos dólares que me?

Pero ese es uno de los precios de personas tienen que pagar con el fin de tener un bebé. Personalmente creo que estoy por valor de al menos diez veces más que mucho.

¿Usted?

Treinta-cuatro semanas

Esta semana ha sido realmente divertido. Todos en el mundo exterior ha estado intentando darme un nombre. El abuelo dice si soy un chico debería llamarse Archie después de él, y tío Bill dice William.
Archie tío está de acuerdo con el abuelo y Archie dicho es un muy buen nombre. Bob dice no tiene ninguna idea qué me nombre, pero él sólo sabe que no le gusta su nombre y no quisiera ser atascado con ella.
Abuela dice un nombre de niños buena sería Raymond o Robert; y Patty dijo mi hermana todos permite llamarlo baby.

A continuación, todos ellos decidieron que en caso de que era una niña: aquí viene de nuevo esas cosas chica. Recuerda que esto es de 1948 y es más difícil saber no sabe. De todos modos todos decidieron excepto mama por supuesto que deben tener todos unos pocos nombres elegidos. El abuelo dijo Luciano o Lucy, y tío Bill dijo me nombre Helen de su hermana. Abuela dijo Dorothy sería un buen nombre, pero por supuesto creo que ella es perjuicio debido a es también su nombre. Patty dijo llamarme niña.

Todos aunque esto admito estaba bastante confusa. Pero mama mantuvo su suelo. Ella les informó todo lo que ella aprecia sus sugerencias, pero que ella se decidiría en mi nombre cuando primero me vio en el hospital.

Personas que sugieren nombres para una futura madre no tienen en consideración punto de vista de la madre ni el bebé.

Después de todo hace la decisión final que tengo que vivir por el resto de mi vida.
Y confío en que mi mamá.
¡¡Eso espero!!

Volteretas es divertido hacer.
Pero, descubrí hace mama vaya a
se asignan la habitación de su hallazgo.

Treinta-quinta semana
Personas que son pestering mama esta semana.
No entiendo por qué!

Ellos mantienen dando sus duchas para mí: bueno yo siempre pensé mi mamá siempre a sí misma limpios y ahora aprendo que nadie piensa que es o no tenga dando sus duchas.

Patty mi hermana tuvo problemas hoy.
He oído todo tienen lugar en la pared mágica y con los oídos. Sentó allí escuchando mientras Mamá estaba durmiendo en el sofá. He escuchado a su y mi otros Sister Mary jugando con sus juguetes. Todo iba bien hasta Mary dijo, "está engañando a las cartas nuevo" y Patty dio la vuelta y dijo, "lo sé! Es la única forma que yo puedo ganar".
Bien Mary comenzó a decir que ella iba a decir mama en Patty. Causa que mi mamá le gustó nadie hacer trampa en nada.
De todos modos Patty sobornó a María con algunos dulces para mantener su cierre de boca.

Fue entonces que decidieron salir en la foto. Sacudió a mamá hasta ella despertó y por el poder de mi mente transmitió su lo que había sucedido. A continuación, ella recibió una suspensión de Patty y había castigado de ella y María también por no dice en Patty.

Mejor de todo es Patty figuró Mary squealed sobre ella y nadie se dio cuenta de que el informante era yo.

Por lo tanto Patty cree ahora que Mary dirá sobre ella mientras Mary figuras que Patty no jugar derecha por lo que ella le ve como un halcón. Ni uno se da cuenta de que era yo a lo largo que dijo. Y nunca diré ellos que lo hice porque todos los niños saben que no es agradable a fink a alguien, a menos que alguien es su hermana. Más, era de este incidente que mis hermanas cambiadas. Patty encontró conciencia y creador y descubrió a partir de ese momento a lo largo de su vida que era tan honesto como ella podría ser; y nunca engañados nuevo: esta opción dispuesta hizo Patty un ganador para siempre y más allá. En cuanto a mi hermana Mary que pensaron en ese momento no a jugar de nuevo con Patty; para Patty no jugó derecho. Bien Mary encontró la comodidad y la fuerza de Patty, su hermana y son amigos para siempre más. Además, que los tres aprendido aún más doce años más tarde cuando mama volvió a casarse y había otro hermano y hermana. Cómo nunca, eso es otra historia aún ser advertido. Por lo que me parece que de todas las cosas que ocurren: WE ALL puede crecer y cambiar para la mejor!

Pero admito; yo estaría no a mama si ella me pidió algo a mi cara incluso si yo fui el que lo hizo.
Porque todo el mundo debe saber su mama s la verdad si una pregunta.

¿Sin embargo, si olvida mama pedir? Entonces es bien no a fink.

Treinta-sexta semana

Mama ha sido real irritabilidad esta semana. Ella obtiene loca en todo el mundo real fácil excepto me naturalmente.

Ayer tan fue frustrante porque quería jugar pero mamá me mantuvo patting y pidiendo me acostarse y de descanso. Llegó para que todo lo que podía hacer era rodar alrededor de mucho y jugar por mí mismo. Así que jugué en patadas, estiramiento, tirando, bostezo, golpe de puño en la pared mágica para fortalecer mis manos y arrojó y se convirtió, y yo laminados y jugó largo de todo el día. Tuve tanta diversión que mantuvo todos aunque la noche también.

Hoy es el mismo!
Mama aún no quiere jugar. Así sólo constantemente sucesivas a lo largo y haciendo todo lo anterior una y otra y otra vez.

Patty y Mary mis hermanas son realmente obtener en el cabello de mamá hoy.
Porque escuché mama decirles, "sólo quiero que iría a dormir?".
Sin embargo, yo podía escucharlos chirriar y jugar toda la casa.

He decidido que ya parece que puedo obtener mama para jugar conmigo, después de todo, esta vez: no sirve obtener le molesta me como ella es en que Patty y María.

Así que voy a dormir por un rato.
Sueño con este día!
Ese día en el futuro.
Cuando mama puede jugar conmigo en el mundo hasta ahora muy lejos.

37 ° Semana

Visitamos al médico frío empujador handed nuevamente. Esta vez informó mama que pronto sería tiempo. ¿Tiempo para lo que yo no sabía? Sin embargo, debo reconocer que en esta visita particular manos del doctor eran muy tierno y suave al tacto. Pero todavía tuvo que frío mano de ronda y no parece nunca obtener caliente como todos los demás.

Esa noche mama me agarró y me dio un abrazo real.
Puedo repetir lo que ella me dijo!

Porque es lo querido que cualquier madre puede decir a su bebé.

Es lo que pide toda la humanidad de la vida para dar y ser.

Es un momento de la verdad entre la madre y el hijo, y pueden ser Dios.
Y madre todos ser dar este paso entre ellos y su hijo self.

Usted sabe dentro de las palabras!

38 ° Semana

Problemas golpeó de nuevo. Bolsa de agua de mamá que me roto nuevamente. Creo que es el mismo lugar que antes de que se había roto. Sólo esta vez hubo absoluto para que mí reparar y todo el líquido protección vaciar completamente hasta la última gota. Puso en miedo como las paredes del útero de mi mamá cerraron más ajustado a mi alrededor y pegó algo sobre mí. Creo que fue entonces: That orado por segunda vez.

Nos estábamos llevados inmediatamente al hospital donde esperaba nuestro médico de empujador. Decidió que podrían tener que inducir el trabajo con el fin de ahorrarme. En ese momento yo sabía lo que quería decir por mano de obra, pero por la medianoche sabía.

Hicieron mama beber algunos basura llamado aceite de ricino. Y lo probado terrible. Nunca ordenar esas cosas!

Esto hizo que los músculos de mamá comienzan a reaccionar de la manera más extrañas. Por primera vez fue mama empujando contra mí buscando más espacio. Fue terrible ruff para un rato y una vez cayó en algún tipo de pozo y me tomó por lo menos tres horas volver hasta donde era. Si no es para la fuerza de mis manos habría caído hacia abajo a través de ese pozo.

Después volvió a mi posición original yo mismo estiradas como un tablero de negarse a dar una pulgada.

Por la mañana mama fue una vez más relajada. El médico de empujador fue volver y dijo que era stinker un poco para no salir como debería tener.

¿Cabo dije a mí misma?

¿Quería decir debería venir a ese mundo?

Tengo que pensar en eso por un tiempo, antes de hacer cualquier decisión rápida más tarde podría lamentar.

Me gustan todos los demás que a veces se sencillamente fuera una buena decisión porque nosotros no detener a mirar las rosas, o dejar de mirar sobre esa valla hacia los pastos más verdes percibidas. Como todos los demás tenía miedo a elegir!

Mis oraciones fueron contestadas: he oído el médico empujador decir mama que ha finalizado el trabajo: pero también dijo que estaba todavía seguro a pesar de que él no sabía cómo seguro. Y pensó que esperar un poco iba a ser el mejor curso a tomar. Mi mamá está de acuerdo con el doctor empujador.

¡Yo también!

39 ° Semana

Todo el mundo está muy preocupado acerca de mí.

Algunos dicen que mama debe tener un caesarian y otros dicen naturaleza permiten tomar su curso. Mama decidió que sería hasta me porque eso es lo que le dijo a todo el mundo.

¿Hasta también me he pensado?
Ahora es una gran responsabilidad para un tipo poco como yo. ¿Pero no puso sobre cada obstáculo hasta ahora?

¿Nunca estuvo este descubrimiento más sola colocado delante de mí?

Para la primera vez que puedo recordar no estaba seguro. ?????????

¿Que debe ser la decisión correcta?

Sabía que la seguridad que me ofrece en el útero de mi madre. Pero yo deseaba conocer ese misterioso mundo exterior. Disfrutaba siendo rey de mi mundo.

Estaba dispuesta a renunciar a esto?

Yo anhelaba ver a la gente que había oído acerca de como un abuelo y abuela, tíos y tías y hermanas incluso.
Pero sobre todo quería ver a mama. ?????

Sí! Ahora sé lo que estaba sucediendo. Y, creo que el instinto fue parte de él y otra parte de la misma por el muro mágico y los oídos escuchando el mundo exterior y todas las palabras cuidadas de confort.

Yo tendría que tomar la decisión.

Yo podría hacerlo solos.

Tenía miedo!

Cuarenta semanas

Encontraba muy bastante ahora aquí. Yo he estado pensando en mi situación de los últimos días 3. Personas están obteniendo bastante ansiosos por ahí a verme. ¿Pensé: Would como yo tanto mañana como lo hicieron hoy?
¿Se decepcionarles por cómo miré?

¿Lo más importante era por supuesto mama encantaria me tanto como yo sabía que realmente hizo ahora?

La mayoría de las personas nunca darse cuenta de que se trata de nosotros los bebés que decidan cuándo debe venir de fuera.
No es una decisión fácil.

Hoy es el domingo y mamá y yo fuimos a la Iglesia, al igual que lo hemos hecho siempre que puedo recordar. Sólo hoy en la Iglesia, mientras que un hombre habló por adelantado por primera vez me doy cuenta la respuesta a mi problema. Desde que era un milagro de Dios como el hombre decía a todas las madres con niños ese día.

¿Entonces podría no consigo Dios que me ayude a decidir mi destino?

He había escuchado hablar de mama al señor cada día que puedo recordar. Por lo que sabía que Jesús siempre estaban allí. En la comprensión de este conocimiento le pregunté Jesús que por favor me ayude a y darme fuerza para tomar la decisión correcta.

A continuación, esperé????

Tarde esa noche; algo me dijo y yo no estaba aún en la pared mágica con los oídos: he oído como claro como cualquier voz se escucha: "Déjame ayudar a" where o lo que era yo nunca vio la luz. Sin embargo, sabía que era de Dios.

Todos que sabía es que misteriosamente algo enviado desde arriba fue suavemente ayudarme vuelta mi cuerpo y se deslizó hacia abajo de ese pozo nuevo con absolutamente ningún miedo.

ADEMÁS DE........ UN DÍA

Madre a la vez se dio cuenta de lo que había tenido lugar.

Nos hemos llevados al hospital.

Me doy cuenta ahora como me siento cuerpo mi madre reacciona a mi movimiento hacia abajo que ella se pasar por mucho que me llevan en el mundo. Sus gritos de alegría se hizo eco en mis oídos y actuó como un estímulo que me beckoning recorrer este túnel oscuro de la oscuridad. No tengo sentimientos ya para mi pequeño mundo que dejé volver allí. Para cuando la dejé, me di cuenta de que sólo una vez un niño puede ese privilegio.

Me di cuenta ahora que tengo que veo el mundo exterior.
Ahora estoy trabajando con mi madre.
Juntos ofrecemos me cuestión en el mundo.

Puedo siento las manos amables del médico empujador en mi cabeza y tenía derecho sobre su nombre debido a que mantiene diciendo: "push, push"

Sin embargo, él también nos está ayudando a lo largo. Tal vez! Pensé. Sólo tal vez he sido todo equivocado sobre él.

De repente me di cuenta de que estaba libre.

Nacido libre al mundo. Yo había salido y el mundo estaba a punto de saludarme.

A continuación, sucedió!

Ese médico empujador me había levantado por las piernas y me fisuras en el asiento de mis varones.

¿Por qué lloré tan fuerte que me tomó minutos para darse cuenta de que yo podría escuchar mi voz. Era yo!

Más tarde; después había establecido; he oído les decir que me fueron tomando a mama. Ahora hay una cosa que debo decir sin ningún bromeando, y es que hasta este momento no había abierto mis ojos por miedo de lo que podría veo.

Pero como me sentí el licitación toque de mi madre brazos y dedos dulces mi faz.
Me abrió mis ojos y VI la visión más bellos en toda mi vida. Mi mamá!

Ella se sentó con una gran sonrisa gran como sus ojos azules cielo profundo fueron vidriosos me.

Ahora sólo una cosa queda por ver????

Mama todavía encantaria me???

Como ella me tiró cerca a ella. Me di cuenta de que ella me aman y, a continuación, dijo:

"Mi niño poco querido". ¿Cuánto he anhelado hacerte así y sentir sus brazos y manos en la mina y darle a usted todo mi amor.

Mi pequeño bebé eres mina todos!

I Fell Asleep!

Esta historia se basa en hechos reales en el nacimiento de este autor.
El autor ampliado y expuesto a los hechos, pero la pérdida del agua, el nacimiento seco y la caída que comenzó:
Y la muerte de Daddy.
ERAN TODOS REALES Y TUVO LUGAR EN ESTE MUNDO.

www.ingramcontent.com/pod-product-compliance
Ingram Content Group UK Ltd.
Pitfield, Milton Keynes, MK11 3LW, UK
UKHW041905190726
13854UKWH00003B/1102

9 780557 312740